人气 手作 83 款 馅料面包

吕昇达 著

中国轻工业出版社

作者序

　　美味的面包有着不同的美妙滋味，其中有一种调味料是最常见，却也是最需要耐心才能取得的，那就是"时间"。学习烘焙这么多年，面包的世界依旧宽广无尽，我立志将探究其中的美味秘诀作为自己一生的事业。

　　面包的美味来自于在酵母作用下发酵时产生的各种芬芳，进而与其他材料变化出更丰富的滋味。本书根据自己所学，将专业知识、手法以简明的形式进行介绍，并将制作流程进行精简，希望让更多喜欢面包烘焙的读者，能从本书中获得快乐和幸福感。

　　请给面包多一点耐心与时间，低温发酵的魅力，会让你看到面包的无限可能。

作者：吕昇达

现职：统一面粉烘焙技术顾问

目 录

- Chapter 3 -
· · ·

面团C　**老面法 & 部分后糖法+甜面包面团**

- Chapter 4 -
· · ·

面团D　**直接法 + 鲜奶甜面团软欧**

- Chapter 5 -
...

面团E 直接法 & 部分后糖法 + 鲜奶鸡蛋面团

芋头面包系列

紫山药面包系列

🍞 整形后发酵法 Methods

特别说明：P22～P181所介绍的面包配方中，各种食材的用量均为可制作1个面包的材料量，
　　　　　可根据实际需求按比例增减。

>>>> 材料图鉴 <<<<

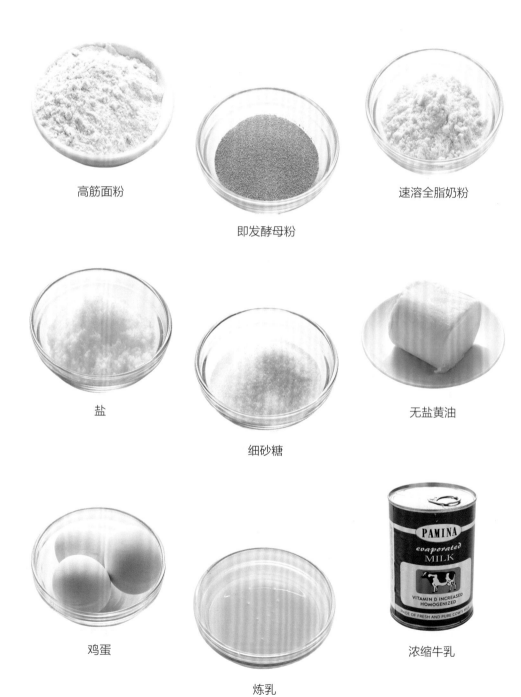

高筋面粉

即发酵母粉

速溶全脂奶粉

盐

细砂糖

无盐黄油

鸡蛋

炼乳

浓缩牛乳

奶酪丝

巧克力（自选口味）

鲜奶

核桃

蔓越莓干

葡萄干

南瓜子

燕麦片

生白芝麻

生黑芝麻

9

Basic 2　➤➤➤ 面包的美味秘诀 ⟪⟪⟪

纯红豆馅

材料：

红豆……500g　　细砂糖……350g　　红冰糖……150g　　盐……1g

做法：

1. 将红豆放入水中浸泡10~12小时。
2. 沥去多余水分，放入蒸锅中。
3. 蒸熟后，倒入平底锅中，加入细砂糖、红冰糖，熬煮到适当的软硬度，加入盐拌匀。

蜜红豆粒

材料：

红豆……200g　　细砂糖……200g　　水……400g

做法：

1. 红豆洗净，室温下用400g水（配方外）泡一个晚上。
2. 泡红豆的水倒掉，将红豆倒入锅中，加入适量水（水刚好没过红豆）后开始煮。
3. 将红豆煮至用牙签可以轻松插入的程度，将锅内水倒出。
4. 加入细砂糖轻轻拌匀，尽量不要弄破红豆颗粒。
5. 用隔水法蒸片刻，取出后放凉即可。

Tips　糖的使用量可依产品可保存期和口味增减；馅没用完需放置冰箱内保存。

特级低甜红豆馅

材料：

红豆……200g　　细砂糖……150g　　水……400g

做法：

1. 红豆洗净，室温下用400g水（配方外）浸泡一晚。
2. 泡红豆的水倒掉，将红豆倒入锅中，加入适量水（水刚好没过红豆）后开始煮。
3. 将红豆煮至用牙签可以轻松插入的程度，将锅内水倒出。
4. 加入细砂糖轻轻拌匀，尽量不要弄破红豆颗粒。
5. 煮到馅料要达到的软硬度即可关火，取出放凉。

Tips　糖的使用量可依产品可保存期和口味增减；馅没用完需放置冰箱保存。

芋头泥

材料：

新鲜芋头……500g　　细砂糖……150g　　海藻糖……100g
盐……1.5g　　无盐黄油……50g　　奶粉……25g

做法：

1. 新鲜芋头洗净、去皮后切小块蒸熟。
2. 用汤匙压碎，加入细砂糖、海藻糖拌匀后小火继续蒸20~30分钟。慢慢收干水分，再加入盐、无盐黄油、奶粉拌匀。

美味秘诀 5 芋头馅

材料：

芋头…………500g　　细砂糖……………150g
无盐黄油……30g　　奶粉（酌量加）……15~20g

做法：

1 芋头削皮后切块。
2 将芋头块放入锅中蒸至可用筷子轻松插入的状态，趁热压成泥状。
3 所有材料加入搅拌机，一同打成泥状。

 Tips 如果喜欢粉糯的口感可以加多一点奶粉，糖可以依据个人口味增减；芋头馅因为甜度低，需放入冰箱保存，以免变质。

美味秘诀 6 紫山药馅

材料：

紫山药……500g　细砂糖……150g　无盐黄油……30g　椰浆粉……15g

做法：

1 紫山药削皮、切成块状后放入锅中蒸至可用筷子轻松插入的松软状态，趁热压成泥状。
2 所有材料加入搅拌机，一同打成泥状。

 Tips 可以依自己的喜好加或减材料的使用量，椰浆粉是提味用，如果不喜欢椰奶味可以不用加；紫山药馅因为糖度低，请放入冰箱保存，以免变质。

美味秘诀 7 芋头丁

材料：

芋头……500g　　细砂糖……200g　　水……600g

做法：

1 芋头削皮后切成0.8~1cm见方的丁状。
2 细砂糖、水一同加热煮至糖溶，加入芋头丁，小火加热，不要翻动，避免芋头丁煮碎。
3 加盖煮至芋头丁可用筷子轻松插入的程度。

 Tips 稍微硬一点的芋头需要增加煮的时间使其软烂；可以调整细砂糖的使用量调整甜度；煮好的芋头丁请放入冰箱保存，以免变质。

美味秘诀 8 白薯丁

材料：

白薯……500g　　细砂糖……200g　　水……600g

做法：

1 白薯去皮后切成0.8~1cm见方的丁。
2 细砂糖、水一同加热煮至糖溶，加入白薯丁，小火加热，不要翻动，避免白薯丁过于软烂。
3 加盖煮到白薯丁可以用筷子轻松插入的程度即可。

 Tips 稍微硬一点的白薯丁需要增加煮的时间使其软烂；可以调整细砂糖的使用量调整甜度；煮好的白薯丁请放入冰箱保存，以免变质。

红薯丁

美味秘诀 9

材料:

红薯……500g　　　细砂糖……200g　　　水……600g

做法:

1. 红薯去皮后切成0.8~1cm见方的丁。
2. 细砂糖、水一同加热煮至糖溶，加入红薯丁，小火加热，不要翻动，避免红薯丁煮散。
3. 加盖煮到红薯丁可以用筷子轻松插入的程度。

Tips 稍微硬一点的红薯需要增加煮的时间使其软烂；可以调整细砂糖的使用量调整甜度；煮好的红薯丁请放入冰箱保存，以免变质。

紫薯丁

美味秘诀 10

材料:

紫薯……500g　　　细砂糖……200g　　　水……600g

做法:

1. 紫薯去皮后切成0.8~1cm见方的丁。
2. 细砂糖、水一同加热煮至糖溶，加入紫薯丁，小火加热，不要翻动，避免煮得过于软烂。
3. 加盖煮至紫薯丁可用筷子轻松插入即可。

Tips 稍微硬一点的紫薯丁需要增加煮的时间使其软烂；可以调整细砂糖的使用量调整甜度；煮好的紫薯丁请放入冰箱保存，以免变质。

卡仕达馅

美味秘诀 11

材料:

鲜奶………………400g　　　细砂糖……100g　　　低筋面粉……20g
动物性鲜奶油……200g　　　海藻糖……20g　　　玉米粉……20g
蛋黄………………160g

做法:

1. 蛋黄、细砂糖、海藻糖、低筋面粉（过筛）、玉米粉（过筛）搅拌均匀。
2. 鲜奶、动物性鲜奶油一同煮沸后，倒入步骤1的混合物中拌匀。
3. 中小火煮至浓稠，冷却后即可使用。

奶酥馅

美味秘诀 12

材料:

无盐黄油……100g　　　海藻糖……20g　　　蛋黄…………20g
纯糖粉………30g　　　盐…………2g　　　全脂奶粉……150g

做法:

1. 无盐黄油化开后加入纯糖粉、海藻糖、盐搅拌均匀。
2. 加入蛋黄搅拌至光滑。
3. 最后轻轻加入全脂奶粉拌匀即可。

美味秘诀 13 黑芝麻馅

材料：

生白豆沙……300g	麦芽糖………25g	香油……12.5g
二砂糖………75g	黑芝麻粉……125g	盐………1g
海藻糖………25g	转化糖浆……75g	

做法：

1 将生白豆沙、二砂糖、海藻糖、麦芽糖小火熬煮20~30分钟。

2 加入黑芝麻粉拌匀，再加入转化糖浆拌匀。

3 加入香油、盐不断搅拌，收干水分即可。

美味秘诀 14 栗子馅

材料：

糖水渍栗子（整粒）……500g	无盐黄油……40g	麦芽糖……30g
糖水渍栗子（切丁）……150g	细砂糖………120g	

做法：

1 糖水渍栗子（整粒）从糖水中捞起沥干，捣碎。

2 加入无盐黄油、细砂糖、麦芽糖，边小火加热边拌炒。

3 煮到自己喜爱的浓稠度，加入沥干的糖水渍栗子丁，再煮3~5分钟，起锅。

 Tips　细砂糖和麦芽糖可根据个人喜好调整用量。成品可放入冰箱保存。

美味秘诀 15 蒜蓉黄油

材料：

蒜………87.5g	盐………5g	无盐黄油………500g
细砂糖……12.5g	香芹……2.5g	帕玛森奶酪粉……50g

做法：

1 蒜去皮后，压成泥状。

2 在干净搅拌缸（或不锈钢容器）加入无盐黄油打发至微微打发的状态。

3 加入其他材料，拌成乳白色即完成。

 *Tips*　香芹可根据个人喜好选用。

美味秘诀 16 叉烧馅

材料：

猪油……………50g	鸡粉…………5g	五香粉………2g
洋葱丁………250g	香油…………5g	米酒………10g
洋葱酥………30g	白胡椒粉……3g	生白豆沙……600g
熟叉烧肉……200g	水（A）……100g	玉米粉………15g
蚝油…………30g	二砂糖………400g	水（B）……5g

做法：

1 熟叉烧肉切丁备用。

2 锅用中小火烧热。

3 放入猪油。

4 倒入洋葱丁、洋葱酥炒至微焦，加入熟叉烧肉丁。

5 倒入蚝油、鸡粉、香油、白胡椒粉、水（A）、二砂糖、五香粉、米酒。

6 加入生白豆沙翻炒收汁。

7 玉米粉加水（B）拌匀，调成玉米粉水，倒入锅中搅拌至黏稠即可。

美味秘诀
17 **白酱**

材料：

低筋面粉……25g	动物性鲜奶油……175g	蒜泥…………15g
无盐黄油……25g	洋葱丁…………100g	黑胡椒粉……1g
鲜奶…………500g	白酒……………25g	盐……………5g

做法：

1 无盐黄油小火加热至化开，加入低筋面粉拌匀。

2 加入鲜奶、动物性鲜奶油熬煮至滑顺，备用。

3 锅内加入洋葱丁炒熟，加入蒜泥、白酒、黑胡椒粉、盐，清炒至有香味逸出。

4 加入步骤2的混合物搅拌至顺滑。

美味秘诀
18 **味噌馅 & 味噌圆白菜馅**

材料：

赤味噌……50g	比萨奶酪丝……50g
蛋黄酱……100g	圆白菜丝………150g

做法：

1 赤味噌和蛋黄酱搅拌均匀（此为味噌馅）。

2 拌入比萨奶酪丝和圆白菜丝即可。

美味秘诀
19 **葱花黄油**

材料：

葱花…………200g	盐………5g	白胡椒粉………4g
蛋黄…………80g	鸡粉……4g	初榨橄榄油……适量
无盐黄油……120g		

做法：

1 无盐黄油化开后加入盐、鸡粉、白胡椒粉搅拌均匀。

2 分次加入蛋黄搅拌均匀。

3 最后加入葱花拌匀，加入初榨橄榄油提味。

Tips 提前加入葱花会使馅料出水，建议步骤3在使用前完成即可。

美味
秘诀
20 **原味菠萝**

材料：

无盐黄油……140g　　鸡蛋…………90g　　低筋面粉……250g
纯糖粉………140g　　香草浓缩酱……1g　　奶粉…………25g
盐……………2g

做法：

1 无盐黄油化开后加入纯糖粉、盐搅拌均匀。
2 分次加入鸡蛋和香草浓缩酱搅拌至光滑。
3 加入低筋面粉（过筛）和奶粉，拌匀。

美味
秘诀
21 **抹茶菠萝**

材料：

无盐黄油……140g　　盐……………2g　　奶粉…………25g
纯糖粉………70g　　鸡蛋…………90g　　抹茶粉………7g
二砂糖………70g　　低筋面粉……250g

做法：

1 无盐黄油化开后加入纯糖粉、二砂糖、盐搅拌匀。
2 分次加入鸡蛋搅拌至顺滑。
3 过筛低筋面粉和奶粉、抹茶粉，加入后拌匀。

美味
秘诀
22 **原味
墨西哥酱**

材料：

无盐黄油……100g　　海盐……2g　　低筋面粉……100g
纯糖粉………100g　　鸡蛋……80g

做法：

1 无盐黄油化开后加入纯糖粉、海盐打发至呈乳白色。
2 分次加入鸡蛋搅拌至顺滑。
3 加入过筛后的低筋面粉拌匀。

美味
秘诀
23 **咖啡
墨西哥酱**

材料：

无盐奶油………100g　　海盐…………2g　　鸡蛋…………80g
纯糖粉…………100g　　速溶咖啡粉……6g　　低筋面粉……100g

做法：

1 无盐黄油化开后加入纯糖粉、海盐、速溶咖啡粉打发至呈乳白色。
2 分次加入鸡蛋搅拌至光滑。
3 加入过筛低筋面粉拌匀。

Chapter 1

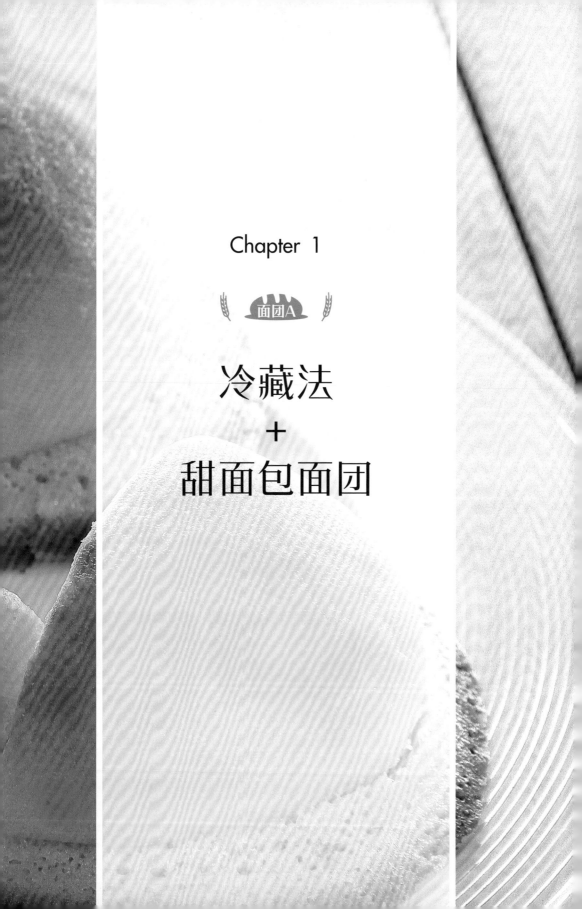
面团A

冷藏法
+
甜面包面团

材料 Ingredients

材料 Ingredients	%	g
高筋面粉	100	1000
奶粉	2	20
细砂糖	22	220
炼乳	3	30
盐	1	10
鸡蛋	20	200
水	40	400
浓缩牛乳	5	50
即发酵母	1.2	12
无盐黄油	10	100

"**冷**藏法 + 甜面包面团"原本是指含糖量较高的甜面包配方，它的含糖量约为面粉的 22%，是很标准的甜面包配方，也是一般从业者最常使用的，可完美地凸显出面包的甜度和松软度。

配方含糖量越高，发酵、膨胀过程中整个面包也会变得越柔软，因为含糖多的面团较松软，水和鸡蛋的加入能完美地融合糖，且使面团的风味跟柔软程度都适中。这种面包是基础的甜面包面团，适合包入任何馅料。

Tips
> 浓缩牛乳可以用动物性鲜奶油取代。

做法 Methods

1 搅拌：将干性材料（高筋面粉、奶粉、细砂糖、盐、即发酵母）分区倒入搅拌缸。

2 加入湿性材料（炼乳、鸡蛋、水、浓缩牛乳）低速搅打3分钟。

3 搅拌至如图所示的状态（可见液体材料）。

4 搅拌至液体材料基本被吸收。

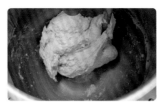

5 继续搅拌至逐渐变得紧实。

6 搅拌至如图所示的状态（大概需3分钟）。

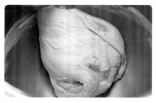

7 转中速继续搅拌6~8分钟。

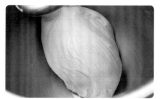

8 直到面团光滑。

9 将面团拉开后可形成薄膜表示面团初步搅拌完成。

10 把面团抻开，面团务必达到出现薄膜和可拉伸状态。

11 加入室温条件下软化无盐黄油。

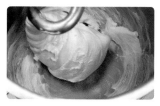

12 低速搅打3分钟。

13 此时拉开面团，可以注意到无法拉到很薄而且面皮很快就会破。

14 继续搅打，使化黄油慢慢融入面团中。

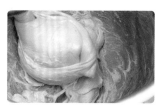

15 搅拌缸边缘油减少。

16 中速搅打3分钟，打至光滑状态。

17 将面团抻开，面团较步骤13可拉更大面积的薄膜且破口光滑。

18 继续整形，取面团一端。

19 朝中心对折。

20 手掌轻轻托着面团转方向。

21 反复转方向。

22 直至面团变得光滑。

23 基本发酵：容器抹少许色拉油，放入面团基本发酵50~60分钟（温度28℃，湿度75%）。

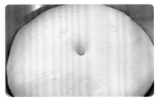

24 发酵至两倍大，手指蘸适量清水，戳入面团测试，指痕不回缩表示发酵完成。

 Tips

步骤23 发酵容器内壁抹少许色拉油可帮助发酵后取出。

60g重面团分割冷藏

25 分割：将面团分割成若干个单个重量为60g的小面团。

26 用虎口抓握、搓圆。

27 如图。

28 放入烤盘等距排列（2个面团间距为1指宽）。

29 冷藏：用保鲜膜仔细覆盖，放入冷藏室温度为2~4℃的冰箱冷藏12~16小时。

30 揭下保鲜膜，用手指触碰面团表面，表面不留指痕即可。

250g重面团分割冷藏

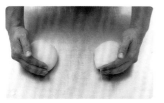

31 分割：将面团分割成若干个单个重量为250g的小面团，手掌朝内收。

32 换方向往外推。

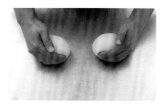

33 再内收。

34 再外推。

35 重复以上动作。

36 直至将面团搓成圆团。

37 放入烤盘等距排列（2个面团间距为3指宽）。

38 冷藏：放入保鲜袋内，四边都要收入袋子中，以2~4℃冷藏12~16小时。

39 如果没有这么大的发酵箱与冰箱，可以准备干净箱子放入面团。

40 喷水，盖上盖子就成了小型发酵箱（冷藏数据同做法38烤盘发酵）。

41 冷藏后触碰面团表面。

42 图片为发酵后表面柔软的熟成状态。

冷藏 12~16 小时后，使用前需使面团温度升至 16℃。

No.1 蜜薯红豆吐司

材料 Ingredients

红薯丁	35g
市售红豆粒	35g
杏仁碎	适量

完成啰！

做法 Methods

1 整形： 取分割、冷藏后的250g面团，放置室温条件下使温度回升至16℃。桌面撒适量手粉，将面团擀平。

2 面皮底部用指尖压薄。

3 铺上红薯丁、市售红豆粒。

4 卷起。

5 蘸上杏仁碎。

6 放入吐司模具中。

7 最后发酵： 放入模具中发酵50分钟（温度为38℃，湿度为85%，图片为发酵后）。

8 装饰烘焙： 在表面割两刀，送入预热后的烤箱，以上火180℃、下火210℃烤25~30分钟。

🥖No.2 紫薯芋头吐司

🌾材料 Ingredients

紫薯丁	35g
芋头丁	35g
燕麦片	适量

完成啰！

🥢做法 Methods

1 整形：取分割、冷藏后的250g面团，放置室温条件下使温度回升至16℃。桌面撒适量手粉，将面团擀平。

2 面皮底部用指尖压薄。

3 铺上紫薯丁、芋头丁。

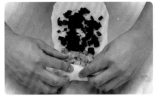

4 卷起。

5 卷成卷。

6 蘸上燕麦片。

7 放入吐司模具中。

8 最后发酵：发酵50分钟（温度为38℃，湿度为85%，图片为发酵后）。

9 装饰烘焙：表面割两刀，送入预热好的烤箱，以上火180℃、下火210℃烤25~30分钟。

No.3 皇冠黄油吐司

材料 Ingredients

无盐黄油	适量
细砂糖	适量
杏仁片	适量

完成啰！

做法 Methods

1 整形: 从冰箱中取出8个冷藏、发酵好的单个重量为60g的面团,使温度回升至16℃。桌面撒适量手粉,将面团搓圆。

2 最后发酵: 放入2个模具中,每个面包模具中放入4个面团,发酵50分钟(温度为38℃,湿度为85%)。

3 装饰烘焙: 在表面用剪刀剪开。

4 注入无盐黄油。

5 撒上细砂糖。

6 撒适量杏仁片,送入预热后的烤箱,以上火180℃、下火210℃烤25~30分钟。

No.4 黑芝麻圆圆

材料 Ingredients

黑芝麻馅	40g
生黑芝麻	适量

完成啰！

做法 Methods

1 整形：从冰箱中取出8个冷藏、发酵好的单个重量为60g的面团，使温度回升至16℃。桌面撒适量手粉，切开一小部分面团。

2 将切下的面团放在另一半的面团中心处。

3 略微按平，包入黑芝麻馅。

4 收口后搓圆，在表面喷水，蘸生黑芝麻。

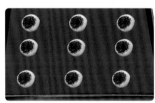

5 最后发酵：将面包坯放入模具中，发酵50分钟（温度为38℃，湿度为85%）。

6 装饰烘焙：送入预热后的烤箱，以上、下火200℃烤10~12分钟。

No.5 黑芝麻原味墨西哥橄榄球

材料 Ingredients

黑芝麻馅	40g
原味墨西哥酱	30g

完成啰！

做法 Methods

1 整形：从冰箱中取出若干个冷藏、发酵好的单个重量为60g的面团，使温度回升至16℃。桌面撒适量手粉，将面团按扁。

2 底部用指尖压薄。

3 包入黑芝麻馅。

4 收口。

5 整形成橄榄形。

6 将面包坯放入模具中发酵50分钟（温度为38℃，湿度为85%）。

7 装饰烘焙：送入预热后的烤箱，以上、下火200℃烤10~12分钟。

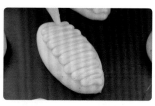

8 挤上原味墨西哥酱。

31

No.6 黑芝麻咖啡墨西哥圆圆

材料 Ingredients

| 黑芝麻馅 | 40g |
| 咖啡墨西哥酱 | 30g |

完成啰！

做法 Methods

1 从冰箱中取出若干个冷藏、发酵好的单个重量为60g的面团，使温度回升至16℃。

2 桌面撒适量手粉，切开一小部分面团，放在剩余的面团中心。

3 包入黑芝麻馅收口后搓圆。

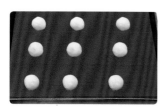

4 最后发酵：面包坯放入模具中，发酵50分钟（温度为38℃，湿度为85%）。

5 装饰烘焙：送入预热后的烤箱，以上、下火200℃烤10~12分钟。

6 挤上咖啡墨西哥酱。

No.7 红豆面包

材料 Ingredients

| 低甜度红豆馅 | 40g |

完成啰！

做法 Methods

1 整形：从冰箱中取出若干个冷藏、发酵好的单个重量为60g的面团，使温度回升至16℃。桌面撒适量手粉，切开一小部分面团。

2 放在原本的面团中心。

3 包入低甜度红豆馅。

4 收口，搓圆。

5 手指蘸适量手粉，戳入面团中心。

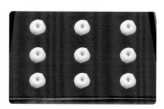

6 最后发酵：发酵50分钟（温度为38℃，湿度为85%）。

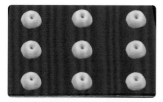

7 装饰烘焙：送入预热好的烤箱，以上、下火200℃烤10~12分钟。

No.8 红豆白芝麻圆圆

材料 Ingredients

红豆馅	40g
生白芝麻	适量

完成啰！

做法 Methods

1 整形：从冰箱中取出若干个冷藏、发酵好的单个重量为60g的面团，使温度回升至16℃。桌面撒适量手粉，切开一小部分面团。

2 放在原本的面团中心。

3 包入红豆馅。

4 收口，搓圆。

5 在面包坯表面喷水，蘸生白芝麻。

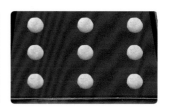

6 最后发酵：发酵50分钟（温度为38℃，湿度为85%）。

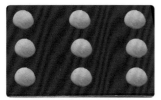

7 装饰烘焙：送入预热好的烤箱，以上、下火200℃烤10~12分钟。

No.9 奶酥墨西哥圆圆

材料 Ingredients

奶酥馅	40g
原味墨西哥酱	30g

完成啰！

做法 Methods

1 整形：从冰箱中取出若干个冷藏、发酵好的单个重量为60g的面团，使温度回升至16℃。桌面撒适量手粉，切开一小部分面团。

2 放在原本的面团中心。

3 包入奶酥馅。

4 收口，搓圆。

5 最后发酵：发酵50分钟（温度38℃，湿度85%）。

6 装饰烘焙：挤上原味墨西哥酱，送入预热好的烤箱，以上、下火200℃烤10~12分钟。

No.10 奶酥咖啡墨西哥圆圆

材料 Ingredients

奶酥馅	40g
咖啡墨西哥酱	30g

完成啰!

做法 Methods

1 整形:从冰箱中取出若干个冷藏、发酵好的单个重量为60g 的面团,使温度回升至16℃。桌面撒适量手粉,切开一小部分面团。

2 放在原本的面团中心。

3 包入奶酥馅。

4 收口,搓圆。

5 最后发酵:发酵50分钟(温度为38℃,湿度为85%)。

6 装饰烘焙:挤上咖啡墨西哥酱,送入预热好的烤箱,以上、下火200℃烤10~12分钟。

No.11 奶酥流沙圆圆

材料 Ingredients

奶酥馅	40g
生杏仁片	适量
流沙馅	适量

完成啰！

做法 Methods

1 **整形**：从冰箱中取出若干个冷藏、发酵好的单个重量为60g的面团，使温度回升至16℃。桌面撒适量手粉，切开一小部分面团。

2 放在原本的面团中心。

3 包入奶酥馅。

4 收口，搓圆。

5 表面喷水，蘸生杏仁片。用同样的方法完成其他面包的制作。

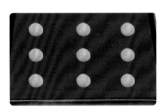

6 **最后发酵**：发酵50分钟（温度为38℃，湿度为85%）。

7 **装饰烘焙**：在面包坯表面剪一刀，送入预热好的烤箱，以上、下火200℃烤10~12分钟。

8 面包放凉，将流沙馅装入裱花袋中，挤入面包中心。

No.12 奶酥菠萝圆圆

✿材料 Ingredients

奶酥馅	40g
原味菠萝	30g
细砂糖	适量

完成啰！

✿做法 Methods

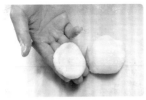

1 整形：从冰箱中取出若干个冷藏、发酵好的单个重量为60g的面团，使温度回升至16℃。将原味菠萝搓圆、按扁。

2 将原味菠萝饼放在面团上。

3 手蘸适量手粉防粘。

4 按压步骤2的半成品。

5 反手拿起，包入奶酥馅。

6 收口后搓圆。

7 在表面蘸细砂糖。

8 最后发酵：常温发酵60分钟（约28℃）。送入预热后的烤箱，以上、下火200℃烤10~12分钟。

三球基本整形方法

1 整形：从冰箱中取出若干个冷藏、发酵好的单个重量为60g的面团，使温度回升至16℃。取1个面团，切成3份。

2 将面团搓圆后放在烤盘上。

3 将3个小面团如图所示粘在一起。发酵40分钟（温度为38℃，湿度为85%）。

No.13
三球蔬菜味噌

🌾材料 Ingredients

味噌馅	10g
圆白菜丝	60g

No.14
三球蔬菜味噌蟹肉

🌾材料 Ingredients

味噌馅	10g
圆白菜丝	60g
蟹肉棒	10g

🍴做法 Methods

1 取P47发酵后的面团作为面包坯。

2 铺料：将味噌馅、圆白菜丝混合均匀作为三球蔬菜味噌面包的馅料。将味噌馅、圆白菜丝、蟹肉棒混合均匀作为三球蔬菜味噌蟹肉面包的馅料。

3 取一个面包坯，在面团上铺上混合均匀的圆白菜味噌馅。

4 另取一个面包坯，在面团上铺上混合均匀的三球蔬菜味噌蟹肉馅料。

5 将面包坯放入烤盘内。

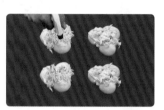

6 烤焙：在面包坯表面喷水，送入预热好的烤箱，以上、下火200℃烤12分钟。

No.15
三球葱花奶油火腿

No.16
三球葱花德式脆肠奶酪

🍳材料 Ingredients

葱花奶油	40g
火腿片	10g

🍳材料 Ingredients

葱花奶油	40g
德式脆肠	适量
奶酪丝	适量

🍳做法 Methods

1 取P47发酵后的面团作为面包坯。铺上葱花奶油。

2 撒上火腿片即为三球葱花奶油火腿面包坯。

3 另取一个面包坯，抹上葱花奶油，将德式脆肠按入面团中。

4 在表面撒奶酪丝。

5 将面包坯放入烤盘中。

6 烘焙：在表面喷水，送入预热好的烤箱，以上、下火200℃烤12分钟。

No.17 卡仕达原味墨西哥戳戳乐

材料 Ingredients

卡仕达馅	20g
原味墨西哥酱	30g

完成啰！

做法 Methods

1 整形：从冰箱中取出若干个冷藏、发酵好的单个重量为60g的面团，使温度回升至16℃。桌面撒适量手粉，将面团搓圆。发酵50分钟（温度为38℃，湿度为85%）。在面团中心挤入卡仕达馅。

2 在馅的四周以画圈的方式挤上原味墨西哥酱，送入预热好的烤箱，以上、下火200℃烤12~15分钟。

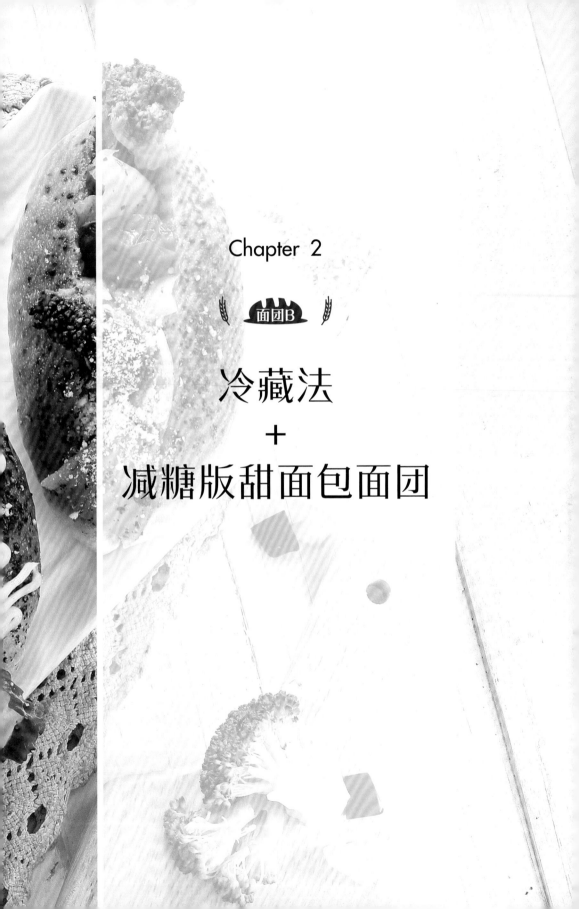

Chapter 2

面团B

冷藏法
＋
减糖版甜面包面团

材料 Ingredients

	%	g
高筋面粉	100	1000
盐	1.2	12
细砂糖	15	150
鲜奶	20	200
鸡蛋	25	250
水	20	200
即发酵母	1.2	12
无盐黄油	20	200

P18介绍的面团A的糖含量是22%，这个面团的糖含量则是15%，糖含量减少了7%，但是这个面团依然很甜，口感也更有韧性，这是因为含糖量降低，并且鲜奶跟鸡蛋的比例都有提升，面团松软又有韧性，做成吐司面团的口感就会凸显出来。我会给大家介绍口感柔软、有甜味的甜面包的做法，也会给大家介绍甜味略淡、口感松软的甜面包做法。

做法 Methods

1 搅拌：将干性材料（高筋面粉、盐、细砂糖、即发酵母）倒入搅拌缸。

2 加入湿性材料（鲜奶、鸡蛋、水）低速搅打3分钟。

3 从刚开始的混合状态，打发至可见液体材料状态。

4 搅拌至液体材料被充分混合。

5 干性材料吸收湿性材料成团，继续搅拌至达到图示状态。

6 搅拌至如图所示状态需3分钟左右。

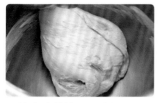

7 转中速搅拌6~8分钟。

8 搅拌至面团光滑。

9 当面团拉伸后形成薄膜表示面团制作完成。

10 将面团抻开，达到拉开状态也表明面团制作完成。

11 加入室温软化无盐黄油。

12 低速搅打3分钟。

13 因为这个面团含油量比较多，油脂在最开始搅拌时会渗出。

14 油脂被逐渐揉到面团里。

15 中速搅拌3分钟，搅拌至光滑、如图所示状态。

16 因为油脂含量较高，所以这个面团比较有韧性。将面团拉成薄膜状，破口处光滑。

17 修整面团的形状，取面团的一端。

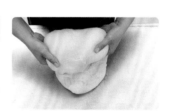

18 朝中心对折。

19 手掌轻轻托着面团旋转方向。

20 继续转方向。

21 直至面团变为光滑状态。

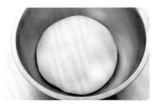

22 基本发酵：放入面团发酵50~60分钟（温度为28℃，湿度为75%）。

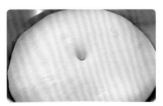

23 发酵至两倍大，手指蘸适量清水，戳入面团测试，指痕不回缩表示完成。

> 步骤22：发酵容器内壁涂抹少许色拉油有助于面团发酵后取出面团，否则会因发黏不易取出。

60g重面团分割冷藏

25 分割：将面团分割成若干个单个重量为60g的小面团。

26 将面团握在虎口处。

27 抓按成圆形。

28 放入烤盘等距排列（2个面团间距为1指宽）。

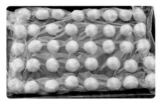

29 冷藏：用塑料薄膜包覆，以2~4℃冷藏12~16小时。

30 发酵完成后揭下塑料薄膜，触碰面团表面，表面不留指痕即可。

31 分割：将面团分割成若干个单个重量为250g的小面团。轻拍排气，手掌朝内收。

32 换方向向内揉捏面团。

33 向内团握。

34 再向外推按。

35 不断重复动作。

36 直至将面团修整成圆形。

37 放入烤盘等距排列（2个面团间距为3指宽）。

38 冷藏：用塑料薄膜包覆，以2~4℃冷藏12~16小时。

39 如果没有大发酵箱与冰箱，可以准备干净箱子放入面团。

40 喷水，盖上盖子就成了小型发酵箱（以2~4℃冷藏12~16小时）。

41 冷藏后触碰面团表面。

42 图片为已发酵后的面团状态。

Tips

冷藏12~16小时后，使用前需使面团温度回升至16℃。

No.18 蜜红豆粒墨西哥吐司

材料 Ingredients

蜜红豆粒	60g
原味墨西哥酱	适量

完成啰！

做法 Methods

1 整形：取分割、冷藏完毕的250g面团，使面团温度回升至16℃。桌面撒适量手粉，将面团擀平。

2 用指尖将面皮底部按薄。

3 铺上蜜红豆粒。

4 卷起。

5 切成四块。

6 切面朝上放入吐司模具中。发酵50分钟（温度为38℃，湿度为85%）。

7 装饰烘焙：挤上原味墨西哥酱，送入预热好的烤箱，以上火180℃、下火220℃烤25~30分钟。

No.19 蜜红豆粒闪电吐司

完成啰！

材料 Ingredients

蜜红豆粒	60g
珍珠糖	适量

做法 Methods

1 整形： 取分割、冷藏完毕的250g面团，使面团温度回升至16℃。桌面撒适量手粉，将面团擀平。

2 用指尖将面皮底部按薄。

3 铺上蜜红豆粒。

4 卷起。

5 放入吐司模具中。发酵50分钟（温度为38℃，湿度为85%）。

6 装饰烘焙： 喷水。将面包坯剪成闪电状。

7 撒珍珠糖，送入预热好的烤箱，以上火180℃、下火200℃烤25~30分钟。

No.20 红薯杏仁吐司

🥄材料 Ingredients

红薯丁	40g
芋头丁	40g
杏仁片	适量

完成啰！

📝做法 Methods

1 整形： 取分割、冷藏完毕的250g面团，使面团温度回升至16℃。桌面撒适量手粉，将面团擀平。

2 用指尖将面皮底部按薄。

3 铺上红薯丁、芋头丁。

4 卷起。

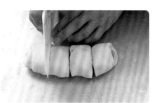

5 切成四块。

6 切面朝上放入吐司模具中。发酵50分钟（温度为38℃，湿度为85%）。

7 喷适量水，在表面撒杏仁片。

8 送入预热好的烤箱，以上火180℃、下火200℃烤25~30分钟。

Chapter 2

冷藏法 + 减糖版甜面包面团

No.21 闪电杏仁吐司

🥐材料 Ingredients

红薯丁	40g
芋头丁	40g
杏仁片	适量

完成啰！

🥐做法 Methods

1 整形： 取分割、冷藏完毕的250g面团，使面团温度回升至16℃。桌面撒适量手粉，将面团擀平。

2 用指尖将面皮底部按薄。

3 铺上红薯丁、芋头丁。

4 卷起。

5 放入吐司模具中。发酵50分钟（温度为38℃、湿度为85%）。

6 用剪刀在表面剪成闪电的形状。

7 在表面撒杏仁片。

8 喷水，送入预热好的烤箱，以上火180℃、下火200℃烤25~30分钟。

No.22 流沙圆滚滚

材料 Ingredients

| 流沙馅 | 适量 |

完成啰！

做法 Methods

1 整形：从冰箱中取出若干个冷藏、发酵好的单个重量为60g的面团，使温度回升至16℃。桌面撒适量手粉，将面团一切为二。

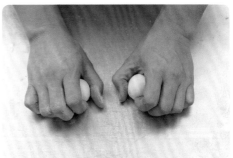

2 将面团搓圆。发酵50分钟（温度为38℃、湿度为85%）。送入预热后的烤箱，以上、下火210℃烤8~10分钟。烤好后放凉，将流沙馅装入裱花袋中，从面包底部中心灌馅。

No.23

脆肠奶酪洋葱圆滚滚

🌾材料 Ingredients

德式脆肠丁	适量
奶酪丝	适量
洋葱丝	适量

🍃做法 Methods

1 整形：从冰箱中取出若干个冷藏、发酵好的单个重量为60g的面团，使温度回升至16℃。桌面撒适量手粉，将面团一切为二。包入德式脆肠丁、少许奶酪丝。

2 收口后发酵50分钟（温度为38℃、湿度为85%）。撒上奶酪丝、洋葱丝，送入预热好的烤箱，以上、下火210℃烤8~10分钟。

No.24

脆肠奶酪圆滚滚

🌾材料 Ingredients

德式脆肠丁	适量
帕玛森奶酪粉	适量

🍃做法 Methods

1 整形：从冰箱中取出若干个冷藏、发酵好的单个重量为60g的面团，使温度回升至16℃。桌面撒适量手粉，将面团一切为二。包入德式脆肠丁。

2 收口后发酵50分钟（温度为38℃，湿度为85%）。撒帕玛森奶酪粉，送入预热好的烤箱，以上、下火210℃烤8~10分钟。

No.25 叉烧菠萝圆滚滚

完成啰！

🌾材料 Ingredients

叉烧馅	30g
原味菠萝	30g

🥄做法 Methods

1 整形：从冰箱中取出若干个冷藏、发酵好的单个重量为60g的面团，使温度回升至16℃。将原味菠萝搓圆后按扁。

2 放在面团上。

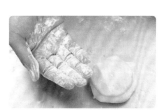

3 手蘸适量手粉防粘。

4 反手拿起，挤入叉烧馅。

5 收口。

6 搓圆。

7 常温发酵60分钟（约28℃），送入预热好的烤箱，以上、下火200℃烤12~15分钟。

No.26 酸菜火腿菠萝与白芝麻圆滚滚

材料 Ingredients

酸菜丝	20g
火腿片	5g
原味菠萝	30g
生白芝麻	适量

完成啰！

做法 Methods

1 整形： 从冰箱中取出若干个冷藏、发酵好的单个重量为60g的面团，使温度回升至16℃。

2 将原味菠萝搓圆后按扁。放在面团上。

3 手蘸适量手粉防粘。

4 按扁。

5 反手拿起，包入酸菜丝、火腿片。

6 收口后搓圆。

7 蘸生白芝麻。常温发酵60分钟（约28℃）。

8 送入预热好的烤箱，以上、下火200℃烤12~15分钟。

Chapter 2

冷藏法＋减糖版甜面包面团

抹茶菠萝面包系列

卡仕达抹茶菠萝面包

蜜红豆粒抹茶菠萝面包

抹茶巧克力菠萝面包

 No.27 卡仕达抹茶菠萝面包

🌾材料 Ingredients

卡仕达馅	30g
抹茶菠萝	30g
细砂糖	适量

完成啰！

🥄做法 Methods

1 整形：从冰箱中取出若干个冷藏、发酵好的单个重量为60g的面团，使温度回升至16℃后按扁。将抹茶菠萝揉圆后放在面团上按扁。

2 手蘸适量手粉防粘。

3 反手拿起，挤入卡仕达馅。

4 收口。

5 搓圆。表面蘸细砂糖。常温发酵60分钟（约28℃）。

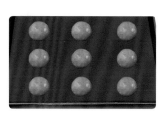

6 送入预热好的烤箱，以上、下火200℃烤12~15分钟。

No.28 蜜红豆粒抹茶菠萝面包

材料 Ingredients

蜜红豆粒	20g
抹茶菠萝	30g

完成啰！

做法 Methods

1 整形：从冰箱中取出若干个冷藏、发酵好的单个重量为60g的面团，使温度回升至16℃后按扁。将抹茶菠萝揉圆后放在面团上按扁。

2 手蘸适量手粉防粘。

3 反手拿起，包入蜜红豆粒。

4 收口。

5 搓圆。

6 压出菱格纹。常温发酵60分钟（约28℃）。

7 送入预热好的烤箱，以上、下火200℃烤12~15分钟。

No.29 抹茶巧克力菠萝面包

🍃材料 Ingredients

法芙娜巧克力	3 粒
抹茶菠萝	30g
杏仁碎	适量

完成啰！

🥄做法 Methods

1 整形： 从冰箱中取出若干个冷藏、发酵好的单个重量为60g的面团，使温度回升至16℃后按扁。将抹茶菠萝揉圆后放在面团上按扁。

2 手蘸适量手粉防粘。

3 反手拿起，包入法芙娜巧克力。

4 收口。

5 搓圆。

6 蘸杏仁碎。

7 送入预热后的烤箱，以上、下火200℃烤12~15分钟。

卡仕达杏仁面包

卡仕达蜜红豆橄榄面包

No.30 卡仕达杏仁面包

🌾材料 Ingredients

卡仕达馅	40g
杏仁片	适量

完成啰！

🥄做法 Methods

1 整形：取分割、冷藏完毕的60g面团，使面团温度回升至16℃。桌面撒适量手粉，将面团擀平。

2 用指尖将面皮底部按薄。

3 挤上卡仕达馅。

4 折起。

5 捏合接口处。

6 在接合处用剪刀剪两刀。发酵50分钟（温度为38℃，湿度为85%）。

7 表面撒适量杏仁片，送入预热好的烤箱，以上、下火200℃烤12~15分钟。

No.31 卡仕达蜜红豆橄榄面包

材料 Ingredients

卡仕达馅	20g
蜜红豆粒	10g
珍珠糖	适量

完成啰！

做法 Methods

1 整形：取分割、冷藏完毕的60g面团，使面团温度回升至16℃。桌面撒适量手粉，将面团擀平。

2 用指尖将面皮底部按薄。

3 挤入卡仕达馅。

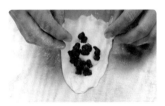

4 撒上蜜红豆粒。

5 折起。

6 折成橄榄形。

7 用剪刀剪一个口，放入适量珍珠糖。

8 送入预热好的烤箱，以上、下火200℃烤12~15分钟。

Chapter 2

冷藏法 + 减糖版甜面包面团

81

No.32 红心红薯流沙面包

🌿材料 Ingredients

红薯丁	30g
流沙馅	适量

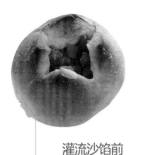

灌流沙馅前

🥢做法Methods

1 **整形**：取分割、冷藏完毕的60g面团，使面团温度回升至16℃。

2 桌面撒适量手粉，轻轻拍打面团。

3 包入红薯丁。

4 收口。

5 搓圆。发酵50分钟（温度为38℃，湿度为85%）。

6 用剪刀在上表面剪"十"字，送入预热好的烤箱，以上、下火200℃烤12~15分钟。

7 出炉放凉，挤入流沙馅。

No.33 芋头卡仕达面包

🌾材料 Ingredients

芋头丁	30g
卡仕达馅	适量

完成啰！

✎做法Methods

1 整形：取分割、冷藏完毕的60g面团，使面团温度回升至16℃。

2 桌面撒适量手粉，轻轻拍打面团。

3 包入芋头丁。

4 收口。

5 搓圆。发酵50分钟（温度为38℃，湿度为85%）。

6 用剪刀在上表面剪"十"字，送入预热好的烤箱，以上、下火200℃烤12~15分钟。

7 出炉放凉，挤入卡仕达馅。

No.34 红薯核桃造型面包

完成啰！

材料 Ingredients

红薯丁	20g
核桃仁	5g
生白芝麻	适量

做法 Methods

1 整形：取分割、冷藏完毕的60g面团，使面团温度回升至16℃。桌面撒适量手粉，轻轻将面团拍扁。

2 包入核桃仁、红薯丁。

3 收口。

4 喷水，蘸生白芝麻。

5 轻轻按扁。

6 剪三刀（剪成如图所示的形状）。发酵50分钟（温度为38℃，湿度为85%）。

7 烤焙：送入预热好的烤箱，以上、下火200℃烤12~15分钟。

No.35 泡菜奶酪丝三辫面包

材料 Ingredients

泡菜	适量
奶酪丝	适量
黄芥末酱	适量

完成啰！

做法 Methods

1 整形：取分割、冷藏完毕的60g面团，使面团温度回升至16℃。桌面撒适量手粉，将面团一切为二。

2 将面团搓成长条形（约15厘米长）。

3 将面团切成如图所示的三段，并将每一根都搓圆。

4 编成小辫状。

5 最后发酵：发酵 40 分钟（温度为38℃，湿度为85%）。

6 装饰烘焙：放上挤干的泡菜、奶酪丝，挤上黄芥末酱，送入预热好的烤箱，以上、下火200℃烤12~15分钟。

No.36
橄榄形餐包

🌾**材料 Ingredients**

帕玛森奶酪粉	适量

🍴**做法 Methods**

1 整形：取分割、冷藏完毕的60g面团，使面团温度回升至16℃。桌面撒适量手粉，将面团一切为二。桌面撒适量手粉，将面团整形为橄榄形。发酵60分钟（温度为38℃、湿度为85%）。撒适量帕玛森奶酪粉。

2 送入预热好的烤箱，以上、下火200℃烤9~10分钟。

Chapter 2

冷藏法 + 松软酥甜小面包类

综合沙拉·餐包

🌾材料 Ingredients

紫甘蓝	适量
西红柿	适量
小黄瓜	适量
南瓜薯泥	适量
千岛沙拉酱	适量

🥄做法 Methods

1 紫甘蓝洗净、切丝；将西红柿、小黄瓜洗净、切片后夹入面包中。

2 将南瓜薯泥和千岛沙拉酱夹入橄榄形餐包中。

帕玛森马铃薯沙拉·餐包

🌾材料 Ingredients

水煮马铃薯块	适量
小黄瓜片	适量
胡萝卜片	适量
蛋黄酱	适量
帕玛森奶酪粉	适量

🥄做法 Methods

1 所有食材拌匀（除帕玛森奶酪粉）后夹入橄榄形餐包中。

2 撒上大量的帕玛森奶酪粉。

炸鸡块・餐包

蛋黄酱香料马铃薯・餐包

意式香料野菜・餐包

🌾材料 Ingredients

炸鸡块	适量
炸鸡蘸酱	适量
蛋黄酱	适量

🌾材料 Ingredients

马铃薯	适量
蛋黄酱	适量
小黄瓜	适量
动物性鲜奶油	适量
意大利香料	适量

🌾材料 Ingredients

西蓝花	适量
红甜椒	适量
黄甜椒	适量
马铃薯	适量
橄榄油、意式香料	各适量

🥄做法 Methods

1 将炸鸡酱与蛋黄酱按3：1混合。

2 与炸鸡块混合均匀，夹入橄榄形餐包中。

🥄做法 Methods

1 香料马铃薯：新鲜马铃薯洗净、去皮、切片。将等量动物性鲜奶油与意大利香料混合均匀后涂在马铃薯片表面，放入预热至200℃的烤箱烤30分钟。

2 橄榄形餐包切开，夹入小黄瓜片、步骤1的香料马铃薯，挤上蛋黄酱。

做法 Methods

1 西蓝花洗净、切小块。

2 红甜椒、黄甜椒洗净后切块；马铃薯洗净、去皮、切块。

3 将蔬菜煮熟。

4 将橄榄油、意式香料与蔬菜拌匀，夹入橄榄形餐包中。

Chapter 3

面团C

老面法&部分后糖法
＋
甜面包面团

材料 Ingredients	%	g
高筋面粉	100	1000
甜面包老面	10	100
奶粉	4	40
盐	1.5	15
细砂糖	16	160
即发酵母	1.5	15
鸡蛋	5	50
蛋黄	5	50
动物性鲜奶油	5	50
水	50	500
无盐黄油	10	100
炼乳	4	40

虽然整个面团糖的含量为16%，但因为加入了老面，老面可以让整个面包的发酵更充分，面包的口感也会更松软。以用冷藏法发酵的面团为例，虽然它的糖含量不是最多的，但是它最松软，就是因为老面的加入。

和面时使用部分去糖法，如果一次将糖分全部加入，面团会发黏，搅拌时间也会变长。加奶油之前面团已经搅打至有筋性并可抻拉出薄膜，再加入奶油和炼乳，炼乳和奶油也会很快被揉和到面团中，面团的口感也会松软、绵密、有弹性，发酵也会很充分。

这些配方最大的差异都还是在成分表中各种成分的比例，虽然配方中百分比含量最多的是水，加入适量动物性鲜奶油调配它的风味（用水做出来的面包香味较淡），面粉的香气也会更突出。

做法 Methods

1 搅拌：将干性材料（高筋面粉、奶粉、盐、细砂糖、即发酵母）倒入搅拌缸。

2 加入湿性材料（甜面包老面、鸡蛋、蛋黄、动物性鲜奶油、水）低速搅打3分钟。

3 从刚开始的混合状态，搅拌至还能看得见液体材料。

配方中的"甜面包老面"，可任意使用本书面团A~E"基本发酵"后剩余的面团，或使用"任意面包"基本发酵后剩余的面团，都可以操作。

4 搅拌至液体材料基本被干性材料吸收，确认打发至无干粉状态。

5 干性材料会吸收湿性材料成团，再继续搅拌达到如图所示的状态。

6 大概需搅拌3分钟。

7 转中速搅拌5分钟，搅拌过程中底部会发黏是正常现象（面团水分含量比较高），这一步骤必须搅拌至整个面团收缩。

8 再转高速搅打2分钟，直至面团呈光滑状态。

9 当面团拉伸后形成薄膜表示面团制作完成。

10 将面团抻开，达到可拉伸状态也表明面团制作完成。

11 加入室温软化无盐黄油。

12 低速搅打3分钟。

13 因为面团油量比较多，油脂在最开始搅拌时会渗出。

14 油脂被逐渐揉到面团里。

15 中速搅打3分钟，打至光滑、如图所示状态。

16 因为油脂含量较高，所以这个面团比较有韧性。

17 将面团拉成薄膜状，破口处光滑。

18 修整面团的形状，取面团的一端。

19 朝中心对折。手掌轻轻托着面团转向。

20 手掌轻轻托着面团旋转方向。

21 继续转方向。

22 直至面团变为光滑状态。

23 **基本发酵**：容器内壁抹少许色拉油，放入面团发酵50~60分钟（温度为28℃，湿度为75%）有助于发酵后取出。

24 发酵至两倍大，手指蘸适量清水，戳入面团测试，指痕不回缩表示完成。

步骤23：发酵容器内壁涂抹少许色拉油有助于面团发酵后取出面团，否则会因发黏不易取出。

60g分割冷餐 ··

25 **分割**：将面团分割成若干个单个重量为60g的小面团。

26 将面团握在虎口处。

27 抓按成圆形。

冷藏12~16小时后，使用前需使面团温度升至16℃。

28 放入烤盘等距排列（2个面团间距为1指宽）。

29 冷藏：用塑料薄膜包覆，以2~4℃冷藏12~16小时。

30 发酵完成后取下塑料薄膜，触碰面团表面，表面不留指痕即可。

250g分割冷藏

31 分割：将面团分割成若干个单个重量为250g的小面团。轻拍排气，手掌朝内收。

32 换方向向内揉捏面团。

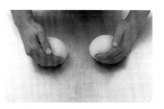

33 向内团握。

34 放在烤盘上等距排列（三根手指的距离）。

35 冷藏：用塑料薄膜包覆，以2~4℃冷藏12~16小时。

36 如果没有大发酵箱与冰箱，可以准备干净箱子放入面团。

37 喷水，盖上盖子就成了小型发酵箱（以2~4℃冷藏12~16小时）。

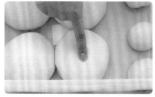

38 冷藏后触碰面团表面。

39 图片为已发酵后的面团状态。

Tips

冷藏12~16小时后，使用前需使面团温度升至16℃。

No.37 芋泥杏仁珍珠吐司

🌾材料 Ingredients

芋头泥	70g
熟杏仁碎	10g
杏仁片	适量
珍珠糖	适量

完成啰！ 📷

🥄做法 Methods

1 **整形**：将面团分割成若干个单个重量为250g的小面团，使面团温度回升至16℃。桌面撒适量手粉，将面团擀成40厘米长的片状，底部用指尖按薄，抹上芋头泥。

2 撒上熟杏仁碎。

3 卷起。

4 切成四块。

5 面包坯切面朝上放入模具中。

6 发酵50分钟（温度为38℃、湿度为85%）。

7 **装饰烤焙**：撒上珍珠糖。

8 撒上杏仁片。

9 送入预热好的烤箱，以上火180℃、下火210℃烤25~30分钟。

No.38 栗子黑芝麻吐司

材料 Ingredients

栗子馅	80g
生黑芝麻	适量

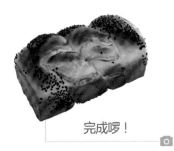

完成啰!

做法 Methods

1 整形:取单个重量为250g
的小面团,使面团温度回升
至16℃。桌面撒适量手粉,
将面团擀成40厘米长的片
状,底部用指尖按薄,抹上
栗子馅。

2 卷起。

3 表面喷适量水,蘸生黑
芝麻。

4 在中间位置竖切一刀。

5 叠成麻花状。放入吐司模
具中。

6 最后发酵:发酵50分钟
(温度为38℃,湿度为85%)。

7 烘焙:送入预热好的烤箱,
以上火180℃、下火210℃烤
25~30分钟。

帕玛森奶油面包

材料 Ingredients

无盐黄油	适量
帕玛森奶酪粉	适量

完成啰！

做法 Methods

1 整形： 取单个重量为250g 的小面团，使面团温度回升 至16℃。桌面撒适量手粉， 将面团一切为二。

2 搓圆。

3 摆成一排。

4 最后发酵： 发酵50分钟 （温度为38℃、湿度为85%）。

5 从中间划开。

6 挤入适量无盐黄油，撒适 量帕玛森奶酪粉，送入预 热好的烤箱，以上、下火 200℃烤12~15分钟。

材料 Ingredients

| 葱花奶油 | 适量 |

完成啰！

做法 Methods

1 整形：取单个重量为60g 的小面团，使面团温度回升 至16℃。桌面撒适量手粉， 将面团一切为二。

2 将面团轻轻拍扁。

3 修整成长条状（长约12 厘米）。

4 最后发酵：一共做四条面 包坯。发酵50分钟（温度为 38℃、湿度为85%）。

5 装饰烘焙：铺上葱花奶油， 送入预热好的烤箱，以上、 下火200℃烤12~15分钟。

No.41 洋葱泡菜蟹肉奶酪二条

🌾材料 Ingredients

蒜香奶油	适量	奶酪丝（比萨奶酪丝）	适量
生洋葱丝	适量	无盐黄油	适量
泡菜	适量	帕玛森奶酪粉	适量
蟹肉棒	适量		

🥄做法 Methods

1 整形：取单个重量为60g的小面团，使面团温度回升至16℃。桌面撒适量手粉，将面团一切为二。

2 修整成橄榄形长条状（长约15厘米）。

3 最后发酵：将两条摆成一排，发酵50分钟（温度为38℃，湿度为85%）。

 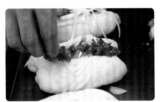

4 涂抹蒜香奶油，铺上洋葱丝。

5 装饰烘焙：撒上蟹肉棒、比萨奶酪丝、无盐奶油、帕玛森奶酪粉，送入预热好的烤箱，以上、下火200℃烤12~15分钟。

No.42 栗子核桃面包

材料 Ingredients

栗子馅	40g
生核桃	适量
咖啡墨西哥酱	适量

完成啰！

做法 Methods

1 整形：取单个重量为60g的小面团，使面团温度回升至16℃。桌面撒适量手粉，将面团按扁。

2 包入栗子馅。

3 收口。

4 搓圆。

5 喷水后按入生核桃。

6 最后发酵：发酵50分钟（温度为38℃，湿度为85%）。

7 装饰烘焙：挤上咖啡墨西哥酱。

8 送入预热好的烤箱，以上、下火200℃烤12~15分钟。

Chapter 3

老面法 & 部分后糖法 + 甜面包面团

No.43 卡仕达芋头双馅面包

🌾材料 Ingredients

芋头馅	40g
生杏仁碎	适量
卡仕达馅	15g

完成啰！

✍做法 Methods

1 整形：取单个重量为60g 的小面团，使面团温度回升 至16℃。桌面撒适量手粉， 将面团按扁。

2 包入芋头馅。

3 收口。

4 搓圆。

5 蘸生杏仁碎。

6 最后发酵：发酵50分钟（温 度为38℃、湿度为85%）。

7 装饰烘焙：挤入卡仕达馅。

8 送入预热好的烤箱，以上、 下火200℃烤12~15分钟。

No.44 奶油菠萝餐包

🌾材料 Ingredients

原味菠萝	30g

完成啰！

📷

🥄做法 Methods

1 整形：取单个重量为60g的小面团，使面团温度回升至16℃。将面团重新搓圆。

2 将原味菠萝搓圆后放在面团上。

3 手蘸适量手粉防粘，慢慢将菠萝皮推在面团上。

4 收口。

5 最后发酵：常温发酵50分钟（约28℃）。

6 烤焙：送入预热好的烤箱，以上、下火200℃烤12~15分钟。

No.45 日式抹茶菠萝面包

材料 Ingredients

抹茶菠萝	30g

完成啰！

做法 Methods

1 整形：取单个重量为60g的小面团，使面团温度回升至16℃。将面团重新搓圆。

2 将抹茶菠萝搓圆后放在面团上按扁。

3 手蘸适量手粉防粘，慢慢将菠萝皮推上面团，包覆收口。

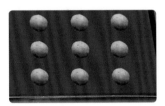

4 最后发酵：常温发酵50分钟（约28℃）。

5 烘焙：送入预热好的烤箱，以上、下火200℃烤12~15分钟。

No.46 叉烧墨西哥面包

材料 Ingredients

叉烧馅	适量
原味墨西哥酱	适量

完成啰！

做法 Methods

1 整形：取单个重量为60g的小面团，使面团温度回升至16℃。将面团重新搓圆。发酵50分钟（温度为38℃，湿度为85%）。

2 装饰烘焙：挤入叉烧馅。

3 挤上原味墨西哥酱。

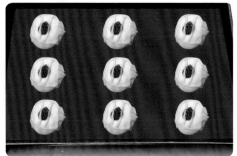

4 送入预热好的烤箱，以上、下火200℃烤12~15分钟。

No.47 核桃墨西哥面包

材料 Ingredients

生核桃	适量
咖啡墨西哥酱	适量

完成啰！

做法 Methods

1 整形：取单个重量为60g的小面团，使面团温度回升至16℃。将面团重新搓圆后，一切为二。

2 将面团搓圆。

3 最后发酵：将6个小面团摆成一排。发酵50分钟（温度为38℃、湿度为85%）。

4 装饰烘焙：在中间剪一刀。

5 放入生核桃。

6 挤入咖啡墨西哥酱。送入预热好的烤箱，以上、下火200℃烤12~15分钟。

Chapter 3

老面法 & 部分后糖法 + 甜面包面团

No.48 蔬菜味噌培根面包

🌾材料 Ingredients

味噌圆白菜馅	适量
培根	适量

完成啰！

1 整形： 取单个重量为60g
的小面团，使面团温度回升
至16℃。将面团重新搓圆
后，一切为二。

2 桌面撒适量手粉，将面团
轻轻拍开。

3 将面团修整为长约12厘米
的橄榄形长条。

4 将四条摆成一排。发酵50
分钟（温度为38℃，湿度为
85%）。

5 铺上味噌圆白菜馅、培根，
送入预热好的烤箱，以上、下
火200℃烤12~15分钟。

Chapter 3

老面法 & 部分后糖法 + 甜面包面团

No.49 葱花奶油罗勒面包

🌿材料 Ingredients

葱花奶油	适量
罗勒	适量

完成啰!

✍做法 Methods

1 整形: 取单个重量为60g的小面团,使面团温度回升至16℃。桌面撒适量手粉,将面团重新搓圆后,按扁。

2 最后发酵: 发酵40分钟(温度为38℃,湿度为85%)。

3 装饰烘焙: 铺上葱花奶油。

4 摆上罗勒。

5 将罗勒叶按入面包坯中。

6 送入预热好的烤箱,以上、下火200℃烤10~12分钟。

No.50 蒜香奶油野菇面包

材料 Ingredients

蒜香奶油	适量
雪白菇	适量
黄芥末酱	适量

完成啰！

做法 Methods

1 整形：取单个重量为60g的小面团，使面团温度回升至16℃。桌面撒适量手粉，将面团重新搓圆。

2 桌面撒适量手粉，将面团按扁。

3 最后发酵：发酵40分钟（温度为38℃、湿度为85%）。

4 装饰烘焙：抹上蒜香奶油，铺上雪白菇。

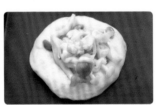

5 挤上黄芥末酱，送入预热好的烤箱，以上、下火200℃烤10~12分钟。

No.51 蒜香奶油培根西蓝花面包

材料 Ingredients

培根	适量
西蓝花	适量
蒜香奶油	适量

完成啰！

做法 Methods

1 整形：取单个重量为60g的小面团，使面团温度回升至16℃。桌面撒适量手粉，将面团搓圆后按扁。

2 最后发酵：发酵50分钟（温度为38℃，湿度为85%）。

3 装饰烘焙：铺上培根。

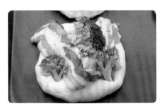

4 摆上西蓝花。

5 挤入蒜香奶油，送入预热好的烤箱，以上、下火200℃烤10~12分钟。

Chapter 4

直接法
+
鲜奶甜面团软欧

材料 Ingredients

材料 Ingredients	%	g
高筋面粉	100	1000
即发酵母	1.2	12
盐	2	20
细砂糖	10	100
鸡蛋	5	50
动物性鲜奶油	10	100
鲜奶	55	550
无盐黄油	10	100
炼乳	5	50

使用直接法制作的鲜奶油面团，配方中动物性鲜奶油和鲜奶的百分比达到了65%。这个面团几乎是用纯鲜奶制作的，所以面团的口感很软，糖的含量也仅为10%，用这样的方法制作的面团就是软欧面团。可以用软欧面团制作口感松软的欧式面包、吐司、白面包，也可以在面团中包入干果或其他馅料使面包的口感更加丰富。如果希望自己做出的面包甜度不高，可以用这个方法来制作面团。鲜奶的加入可以使软欧面团更有韧性。

做法 Methods

1 搅拌：将干性材料（高筋面粉、奶粉、盐、细砂糖、即发酵母）倒入搅拌缸。

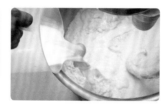

2 加入湿性材料（鸡蛋、动物性鲜奶油、鲜奶）低速搅打3分钟。

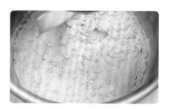

3 从刚开始的干、湿分明状态，搅拌至还能看得见液体材料和干性材料。

4 搅拌至液体材料基本被干性材料吸收的状态。

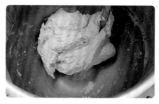

5 干性材料会吸收湿性材料成团，再继续搅拌达到如图所示的状态。

6 大概需搅拌3分钟。

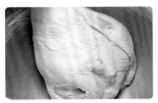

7 转中速搅拌6~8分钟。

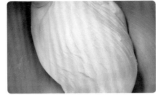

8 直至面团呈光滑状态。

9 当面团拉伸后形成薄膜表示面团制作完成。

10 将面团抻开，达到拉开状态也表明面团制作完成。

11 加入室温软化无盐黄油。

12 低速搅打3分钟。

13 因为这个面团油量比较多，油脂在最开始搅拌时会渗出。

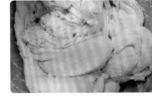

14 油脂被逐渐揉到面团里。

15 此时拉开面团，面团会呈现如图所示状态。

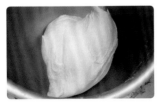

16 继续中速搅拌约3分钟。搅拌至面团变得光滑、有延展性。

17 将面团拉成薄膜状，破口处光滑。

18 修整面团的形状，取面团的一端。

19 朝中心对折。手掌轻轻托着面团转向。

20 手掌轻轻托着面团旋转方向。

21 继续转方向。

22 直至面团变为光滑状态。

23 基本发酵：容器内壁抹少许色拉油，放入面团发酵50~60分钟（温度为28℃，湿度为75%）。

24 发酵至两倍大，手指蘸适量清水，戳入面团测试，指痕不回缩表示完成。

步骤23：发酵容器内壁涂抹少许色拉油有助于面团发酵后取出面团，否则会因发黏不易取出。

25 分割：将面团分割成若干个单个重量为100g的小面团。

26 将面团握在虎口处。

27 不需要团握，要保证底部的面永远在底部。

28 将面团慢慢团成圆形。

29 达到如图所示的状态。

30 放入烤盘等距排列（2个面团间距为2指宽）。

31 将所有面团等间距摆在烤盘上。

32 冷藏：用塑料薄膜包覆，以2~4℃冷藏12~16小时。

33 冷藏完如图所示，可以看到面团只是变大了一点而已。

34 发酵完成后取下塑料薄膜。

35 触碰面团表面。

36 图片为冷藏后的面团状态。

冷藏12~16小时后，使用前需使面团温度升至16℃。

1 搅拌、基本发酵：取P134步骤22状态的面团1000g拌入160g葡萄干，基本发酵60分钟（温度为28℃，湿度为75%）。

2 发酵至两倍大，手指蘸适量清水，戳入面团中测试发酵程度。

3 如上图所示，指痕不回缩表示发酵完成。

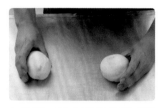

4 分割：将大面团分割成若干个单个重量为230g的小面团，搓圆。

5 放在烤盘上等距排列（两个面团之间的间距为2根手指的距离）。

6 冷藏：用保鲜膜覆盖面团，放入冰箱冷藏室（2~4℃）冷藏12~16小时。

步骤6中的用保鲜膜覆盖面团，一定要覆盖严实。使用前使面团温度回升至16℃。

1 搅拌：取P134步骤22状态的面团1000g拌入160g葡萄干，低速搅拌1分钟。

2 基本发酵：容器内部涂抹适量色拉油，放入面团发酵60分钟（温度为28℃，湿度为75%）。

3 发酵至两倍大，手指蘸适量清水，戳入面团中测试发酵程度。指痕不回缩表示发酵完成。

4 分割: 将大面团分割成若干个单个重量为230g的小面团,搓圆。

5 放在烤盘上等距排列(两个面团之间的间距为2根手指的距离)。

6 冷藏: 用保鲜膜覆盖面团,放入冰箱冷藏室(2~4℃)冷藏12~16小时。

在面团中拌入核桃

1 搅拌: 取P134步骤22状态的面团1000g拌入160g核桃,低速搅拌1分钟。

2 基本发酵: 容器内部涂抹适量色拉油,放入面团基本发酵60分钟(温度为28℃,湿度为75%)。

3 发酵至两倍大,手指蘸适量清水,戳入面团中测试发酵程度。指痕不回缩表示发酵完成。

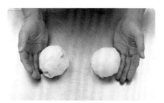

4 分割: 将大面团分割成若干个单个重量为230g的小面团,搓圆。

5 放在烤盘上等距排列(2个面团的间距为2根手指的距离)。

6 冷藏: 用保鲜膜覆盖面团,放入冰箱冷藏室(2~4℃)冷藏12~16小时。

No.52 **蔓越莓闪电面包**

材料 Ingredients

无盐黄油	适量
细砂糖	适量

完成啰！

做法 Methods

1 整形：取单个重量为230g 的蔓越莓面团，使面团温度 回升至16℃。桌面撒适量手 粉，将面团擀平，底部用指 尖按薄。

2 卷起。

3 卷成卷。

4 最后发酵：修整成橄榄形后 发酵50分钟（温度为38℃、 湿度为85%）。

5 用剪刀在面包坯表面剪成 闪电形。

6 撒适量无盐黄油。

7 撒上细砂糖，送入预热好 的烤箱，以上、下火190℃ 烤18~20分钟。

No.53 蔓越莓法芙娜面包

🍞材料 Ingredients

可可含量为66%的法芙娜巧克力	适量
杏仁片	适量
原味墨西哥酱	适量

完成啰！

🥢做法 Methods

1 取单个重量为230g的蔓越莓面团，使面团温度回升至16℃。桌面撒适量手粉，将面团擀平。

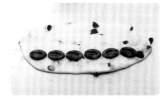

2 放上可可含量为66%的法芙娜巧克力。

3 卷起。

4 修整为长约35厘米的橄榄形长条状。

5 最后发酵：围成圆形后发酵50分钟（温度为38℃，湿度为85%）。

6 撒上杏仁片。

7 挤上原味墨西哥酱，送入预热好的烤箱，以上、下火190℃烤18~20分钟。

葡萄椰香面包

No.54

🌾材料 Ingredients

生核桃碎	30g
椰子丝	适量
细砂糖	适量

完成啰！

🥄做法 Methods

1 取单个重量为230g的葡萄干面团，使面团温度回升至16℃。桌面撒适量手粉，将面团擀平。撒适量生核桃碎。

2 卷起。

3 修整为长约30厘米的长条形。

4 喷适量水，蘸适量椰子丝。发酵50分钟（温度为38℃、湿度为85%）。

5 装饰烘焙：撒上细砂糖，送入预热好的烤箱，以上、下火190℃烤18~20分钟。

No.55 葡萄卷面包

🥜材料 Ingredients

生核桃碎	30g
珍珠糖	适量

完成啰！

✍做法 Methods

1 取单个重量为230g的葡萄干面团，使面团温度回升至16℃。桌面撒适量手粉，将面团擀平。

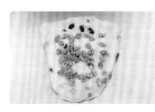

2 撒适量生核桃碎。

3 卷起。

4 修整为长约20厘米的长条形。

5 将每个面包坯都切成4块。

6 将面团摆正。

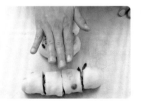

7 轻轻按压。

8 最后发酵：发酵50分钟（温度为38℃、湿度为85%）。

9 装饰烘焙：撒上珍珠糖，送入预热好的烤箱，以上、下火190℃烤18~20分钟。

No.56 核桃红豆面包

材料 Ingredients

蜜红豆粒	50g
杏仁片	适量

完成啰！

做法 Methods

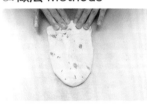

1 取单个重量为230g的核桃面团，使面团温度回升至16℃。桌面撒适量手粉，将面团擀平。

2 在面包坯的一端放上蜜红豆粒。

3 在另一端切三刀。

4 卷起。

5 最后发酵：发酵50分钟（温度为38℃、湿度为85%）。

6 轻轻拍扁。

7 装饰烘焙：撒上杏仁片，送入预热好的烤箱，以上、下火190℃烤18~20分钟。

核桃蜜红薯面包 No.57

材料 Ingredients

蜜红薯馅	100g
高筋面粉	适量

完成啰！

做法 Methods

1 取单个重量为230g的核桃面团，使面团温度回升至16℃。桌面撒适量手粉，将面团擀平。

2 包入蜜红薯馅。

3 收口。

4 团成圆形。

5 最后发酵：发酵50分钟（温度为38℃、湿度为85%）。

6 装饰烘焙：筛入高筋面粉，剪四刀，送入预热好的烤箱，以上、下火190℃烤18~20分钟。

✎ 比萨饼坯做法

1 取单个重量为100g的面团，使面团温度回升至16℃。

2 桌面撒适量手粉，将面团擀平。发酵20~30分钟（温度为38℃、湿度为85%）。

⚓ No.58　叉烧+洋葱比萨

✎ 做法 Methods

1 装饰：在比萨饼坯上抹上叉烧馅，铺上洋葱碎。

2 铺上奶酪丝。

3 烘焙：送入预热好的烤箱，以上、下火210℃烤12~15分钟。

No.59 蒜香奶油+酸菜+培根+奶酪丝比萨

做法 Methods

1 在比萨饼坯上抹上蒜香奶油，铺上酸菜。

2 铺上培根、奶酪丝。

3 烘焙：送入预热好的烤箱，以上、下火210℃烤12~15分钟。

No.60 蒜香奶油+白酱+雪白菇+甜椒+西蓝花+洋葱丝比萨

做法 Methods

1 在比萨饼坯上抹上蒜香奶油、白酱，铺上雪白菇、甜椒、西蓝花。

2 铺上洋葱丝、奶酪丝。

3 烘焙：送入预热好的烤箱，以上、下火210℃烤12~15分钟。

No.61 卡仕达馅+四色丁+珍珠糖比萨

做法 Methods

1 在比萨饼坯上挤上卡仕达馅，铺双色芋头丁、双色红薯丁。

2 撒珍珠糖。

3 烘焙：送入预热好的烤箱，以上、下火210℃烤12~15分钟。

No.62 卡仕达红豆比萨

做法 Methods

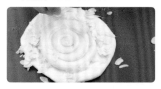  

1 在比萨饼坯上挤上卡仕达馅，撒杏仁片。

2 铺蜜红豆粒。

3 烘焙：送入预热好的烤箱，以上、下火210℃烤12~15分钟。

Chapter 5

面团E

直接法&部分后糖法
＋
鲜奶鸡蛋面团

材料 Ingredients	%	g
高筋面粉	100	1000
即发酵母	1.5	15
鸡蛋	25	250
鲜奶	50	500
细砂糖	10	100
盐	1.2	12
无盐黄油	10	100
炼乳	5	50

这款面团的制作材料以鲜奶和鸡蛋为主，口感松软有弹性。由于在制作时使用了较多的鸡蛋，所以比软欧面团更松软，但是松软程度却不及前文介绍的面团A、面团B、面团C（面团的松软程度和面团的含糖量有关，糖含量越多面团一定越软，做出来的面包口感也会越膨松）。本书收录的五种面团基本上都是软的，分为软、极软，或者是有鲜奶风味、有鲜奶加鸡蛋风味、原味等。

做法 Methods

1 搅拌： 将干性材料（高筋面粉、盐、细砂糖、即发酵母）倒入搅拌缸。

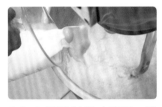

2 加入湿性材料（鸡蛋、鲜奶）低速搅打5分钟。

3 从刚开始的干、湿分明状态，搅拌至还能看得见液体材料和干性材料。

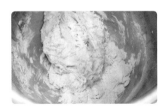

4 搅拌至液体材料基本被干性材料吸收的状态。

5 干性材料会吸收湿性材料成团，再继续搅拌达到如图所示的状态。

6 大概需搅拌5分钟。

7 转中速搅拌6~8分钟。

8 直至面团呈光滑状态。

9 当面团拉伸后形成薄膜表示面团制作完成。

10 将面团抻开，达到拉开状态也表明面团制作完成。

11 加入室温软化无盐黄油。

12 低速搅打3分钟。

13 因为这个面团油量比较多，油脂在最开始搅拌时会渗出。

14 油脂被逐渐揉到面团里。

15 此时拉开面团，面团会呈现如图所示状态。

16 继续中速搅拌约3分钟。搅拌至面团变得光滑、有延展性。

17 将面团拉成薄膜状，破口处光滑。

18 修整面团的形状，取面团的一端。

19 朝中心对折。手掌轻轻托着面团转向。

20 手掌轻轻托着面团旋转方向。

21 继续转方向。

22 直至面团变为光滑状态。

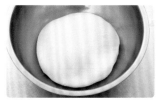

23 基本发酵：容器内壁抹少许色拉油，放入面团发酵50~60分钟（温度为28℃，湿度为75%）有助于发酵后取出。

24 发酵全内倍大，手指蘸适量清水，戳入面团测试，指痕不回缩表示完成。

> 步骤23：发酵容器内壁涂抹少许色拉油有助于面团发酵后取出面团，否则会因发黏不易取出。

60g重面团分割冷藏

1 分割：将面团分割成若干个单个重量为60g的小面团。

2 将面团握在虎口处。

3 搓圆。

4 放在烤盘上等距排列（2个面团间距为1指宽）。

5 冷藏：用塑料薄膜包覆，以2~4℃冷藏12~16小时。

6 完成后取下塑料薄膜，触碰面团表面，表面指痕迅速回缩即可。

100g重面团分割冷藏

1 分割：将面团分割成若干个单个重量为100g的小面团。

2 将面团握在虎口处搓圆，底面永远朝下。

3 搓圆。

4 放在烤盘上等距排列（2个面团的间距为2根手指的距离）。

5 冷藏：用塑料薄膜包覆，以2~4℃冷藏12~16小时。

6 完成后取下塑料薄膜，触碰面团表面，表面指痕迅速回缩即可。

250g重面团分割冷藏

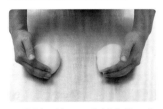

1 分割：将面团分割成若干个单个重量为250g的小面团，轻拍排气，手掌向内收。

2 换方向向外推揉。

3 重复动作直至将面团完全搓圆。

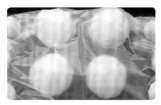

4 放在烤盘上等距排列（2个面团的间距为3根手指的距离）。

5 冷藏：用塑料薄膜包覆，以2~4℃冷藏12~16小时。

6 完成后取下塑料薄膜，触碰面团表面，表面指痕迅速回缩即可。

冷藏12~16小时后，使用前需使面团温度升至16℃。

No.63 彩椒脆肠吐司

材料 Ingredients

德式脆肠	适量
黄甜椒丁	适量
红甜椒丁	适量
帕玛森奶酪粉	适量

完成啰！

做法 Methods

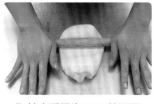

1 取单个重量为250g的面团，使面团温度回升至16℃。桌面撒适量手粉，将面团擀开。

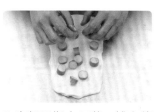

2 底部用指尖压薄，铺上德式脆肠片。

3 撒上黄甜椒丁、红甜椒丁。

4 卷起。

5 切成四块。

6 切面朝上放入吐司模中。发酵50分钟（温度为38℃、湿度为85%）。

7 装饰烘焙：撒上帕玛森奶酪粉，送入预热好的烤箱，以上火180℃、下火210℃烤25~30分钟。

No.64 脆肠洋葱奶酪吐司

材料 Ingredients

德式脆肠片	适量
洋葱碎	适量
奶酪丝	适量

完成啰!

做法 Methods

1 取单个重量为250g的面团,使面团温度回升至16℃。桌面撒适量手粉,将面团擀平。

2 铺上德式脆肠片、洋葱碎。

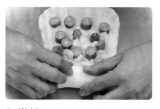

3 卷起。

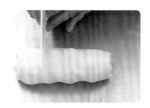

4 切成四块。

5 切面朝上放入吐司模中。

6 发酵50分钟(温度为38℃、湿度为85%)。

7 装饰烘焙:撒上奶酪丝。送入预热好的烤箱,以上火180℃、下火210℃烤25~30分钟。

No.65 培根蔬菜味噌吐司

🥖材料 Ingredients

培根	1片
味噌馅	10g
圆白菜丝	60g

完成啰!

🥄做法 Methods

1 取单个重量为250g的面团,使面团温度回升至16℃。桌面撒适量手粉,将面团擀平。

2 将底部用指尖压薄,铺上培根。

3 撒上拌匀的味噌馅和圆白菜丝。

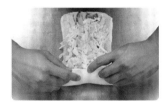

4 卷起。

5 切成三块。切面朝上放入吐司模中。发酵50分钟(温度为38℃,湿度为85%)。

6 装饰烘焙:送入预热好的烤箱,以上火180℃、下火210℃烤25~30分钟。

No.66 季节蔬菜奶酪吐司

材料 Ingredients

西蓝花（氽烫后沥干水分）块	适量
红甜椒（氽烫后沥干水分）块	适量
黄甜椒（氽烫后沥干水分）块	适量
玉米笋（氽烫后沥干水分）块	适量
奶酪丝	适量
帕玛森奶酪粉	适量

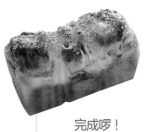

完成啰！

做法 Methods

1 取单个重量为250g的面团，使面团温度回升至16℃。桌面撒适量手粉，将面团擀平。底部用指尖按薄。撒上西蓝花块、双色甜椒块、玉米笋块。

2 撒上奶酪丝。

3 卷起。

4 切成三块。

5 切面朝上放入吐司模中。发酵50分钟（温度为38℃、湿度为85%）。

6 装饰烘焙：撒上帕玛森奶酪粉，送入预热好的烤箱，以上火180℃、下火210℃烤25~30分钟。

No.67 葡萄杏仁双辫螺旋

🌾材料 Ingredients

葡萄干	100g
杏仁碎	适量

完成啰！

✎做法 Methods

1 取单个重量为100g的面团，使面团温度回升至16℃。桌面撒适量手粉，将面团擀平。底部用指尖按薄。撒上葡萄干后卷起。

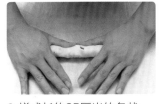

2 搓成长约25厘米的条状。

3 将面包坯条如图所示摆放。

4 叠成麻花状。

5 表面喷适量水，蘸杏仁碎。

6 最后发酵：发酵50分钟（温度为38℃，湿度为85%）。

7 送入预热好的烤箱，以上、下火190℃烤18~20分钟。

No.68 巧克力核桃面包

材料 Ingredients

可可含量为66%的法芙娜巧克力	3 颗
生核桃碎	适量
珍珠糖	适量

完成啰！

做法 Methods

1 取单个重量为100g的面团，使面团温度回升至16℃。桌面撒适量手粉，擀开面团，底部用指尖压薄。铺上法芙娜巧克力。

2 铺上适量生核桃碎。

3 整条卷起。

4 搓成长约20厘米的条状。

5 最后发酵：发酵50分钟（温度为38℃，湿度为85%）。

6 装饰烘焙：撒珍珠糖，送入预热好的烤箱，以上、下火190℃烤18~20分钟。

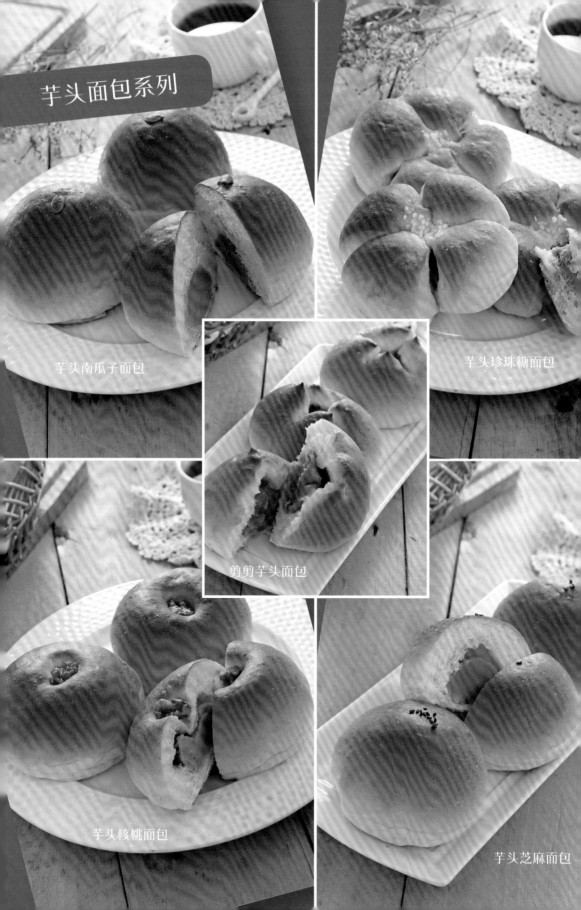

芋头面包系列

芋头南瓜子面包

芋头珍珠糖面包

剪剪芋头面包

芋头核桃面包

芋头芝麻面包

芋头面包系列基本做法

做法 Methods

1 取单个重量为60g的面团，使面团温度回升至16℃。桌面撒适量手粉，切开一小部分面团。

2 放在原本的面团中心。

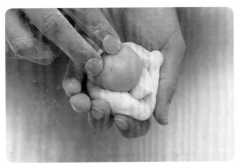

3 包入芋头馅。

4 收口。

5 搓圆。发酵50分钟（温度为38℃，湿度为85%）。

No.69 芋头南瓜子面包

材料 Ingredients

芋头馅	40g
南瓜子	适量

做法 Methods

1 装饰烘焙：取P171步骤5发酵后的面团，按入南瓜子。

2 送入预热好的烤箱，以上、下火200℃烤10~12分钟。

No.70 芋头核桃面包

材料 Ingredients

芋头馅	40g
生核桃仁	适量

做法 Methods

 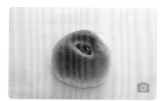

1 装饰烘焙：取P171步骤5发酵后的面团，按入生核桃仁。

2 送入预热好的烤箱，以上、下火200℃烤10~12分钟。

No.71 芋头芝麻面包

材料 Ingredients

芋头馅	40g
生黑芝麻	适量

做法 Methods

1 装饰烘焙：取P171步骤3发酵后的面团，按入生黑芝麻。

2 送入预热好的烤箱，以上、下火200℃烤10~12分钟。

No.72 剪剪芋头面包

材料 Ingredients

芋头馅	40g

做法 Methods

 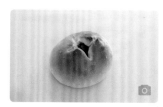

1 装饰烘焙：取P171步骤3发酵后的面团，在表面剪"十"字。

2 送入预热好的烤箱，以上、下火200℃烤10~12分钟。

No.73 芋头珍珠糖面包

材料 Ingredients

芋头馅	40g
珍珠糖	适量

完成啰！

做法Methods

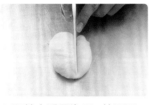

1 取单个重量为60g的面团，使面团温度回升至16℃。桌面撒适量手粉，切开一小部分面团。

2 放在原本的面团中心。

3 包入芋头馅。

4 收口。

5 搓圆。发酵50分钟（温度为38℃，湿度为85%）。

6 按扁。

7 切四刀。发酵50分钟（温度为38℃，湿度为85%）。

8 装饰烘焙：撒珍珠糖，送入预热好的烤箱，以上、下火200℃烤10~12分钟。

紫山药面包系列

紫山药流沙面包

芝麻紫山药面包

紫山药核桃面包

紫山药叶子面包

燕麦紫山药面包

No.74 紫山药流沙面包

材料 Ingredients

紫山药馅	40g
流沙馅	适量

完成啰！

做法 Methods

1 整形：取单个重量为60g的面团，使面团温度回升至16℃。桌面撒适量手粉，切开一小部分面团，放在原本的面团中心。

2 包入紫山药馅。

3 收口。

4 搓圆。发酵50分钟（温度为38℃，湿度为85%）。

5 装饰烘焙：剪"十"字。

6 送入预热好的烤箱，以上、下火200℃烤10~12分钟后出炉放凉，挤入流沙馅。

No.75 芝麻紫山药面包

完成啰！

🌾材料 Ingredients

紫山药馅	40g
生白芝麻	适量

✎做法 Methods

1 整形：取单个重量为60g的面团，使面团温度回升至16℃。桌面撒适量手粉，切开一小部分面团。

2 放在原本的面团中心。

3 包入紫山药馅。

4 收口。

5 搓圆。

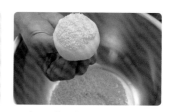

6 表面喷适量水后，蘸生白芝麻。发酵50分钟（温度为38℃、湿度为85%）。送入预热好的烤箱，以上、下火200℃烤10~12分钟。

No.76 紫山药叶子面包

完成啰!

🥄材料 Ingredients

| 紫山药馅 | 40g |
| 杏仁片 | 适量 |

🍃做法 Methods

1 整形:取单个重量为60g
的面团,使面团温度回升至
16℃。桌面撒适量手粉,擀
开面团,底部用指尖压薄。

2 放上紫山药馅。

3 对折。

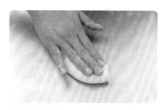

4 轻轻拍扁。

5 切成如图所示的形状。发
酵50分钟(温度为38℃,湿
度为85%)。在中间点缀杏
仁片,送入预热好的烤箱,
以上、下火200℃烤10~12
分钟。

No.77 燕麦紫山药面包

完成啰！

材料 Ingredients

紫山药馅	40g
燕麦片	适量

做法 Methods

1 整形：取单个重量为60g的面团，使面团温度回升至16℃。桌面撒适量手粉，将面团擀成长条形。

2 放上紫山药馅。

3 将紫山药馅包入面皮中。

4 卷成长约20厘米的条状。

5 表面喷水。蘸燕麦片。

6 卷成圆圈状。发酵50分钟（温度为38℃，湿度为85%）。

7 装饰烘焙：送入预热好的烤箱，以上、下火200℃烤10~12分钟。

No.78 紫山药核桃面包

🥖材料 Ingredients

紫山药馅	40g
生核桃仁	适量
细砂糖	适量

完成啰！

🥄做法 Methods

1 整形：取单个重量为60g的面团，使面团温度回升至16℃。桌面撒适量手粉，将面团擀成长条形。

2 放上紫山药馅。

3 将紫山药馅包入面皮中。

4 折成橄榄形。

5 轻轻按扁。

6 在面包坯表面放上生核桃仁。发酵50分钟（温度为38℃，湿度为85%）。

7 装饰烘焙：撒细砂糖，送入预热好的烤箱，以上、下火200℃烤10~12分钟。

✎ 整形后发酵法 Methods

1 取单个重量为60g的面团，使面团温度回升至16℃。

2 整形：桌面撒适量手粉，擀开面团。

3 最后发酵：发酵30分钟（温度为38℃，湿度为85%），
右图为发酵后。

🍞 No.79 西蓝花+玉米笋+甜椒+洋葱丝+奶酪丝圆片

✎ 做法 Methods

1 抹上蒜香奶油，铺上西蓝花块、玉米笋块、甜椒块。

2 铺上洋葱丝、奶酪丝。

3 烘焙：送入预热好的烤箱，以上、下火200℃烤10~12分钟。

No.80 蟹肉多多圆片

做法 Methods

1 在面包坯表面抹上白酱，铺40~50g蟹肉。

2 撒奶酪丝。

3 烘焙：送入预热好的烤箱，以上、下火200℃烤10~12分钟。

No.81 脆肠多多圆片

做法 Methods

1 在面包坯表面抹上蒜香奶油，铺上脆肠。

2 撒奶酪丝。

3 烘焙：送入预热好的烤箱，以上、下火200℃烤10~12分钟。

No.82 泡菜多多圆片

做法 Methods

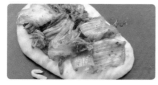

1 先将泡菜挤干，在面包坯表面均匀铺上泡菜。

2 撒奶酪丝。

3 烘焙：送入预热好的烤箱，以上、下火200℃烤10~12分钟。

No.83 菇菇多多圆片

做法 Methods

1 在面包坯表面均匀铺上蟹味菇。

2 撒奶酪丝。

3 烘焙：送入预热好的烤箱，以上、下火200℃烤10~12分钟。

-»» 冷藏法观念精华区 «««-

所有的低温冷藏法面团，面团的温度都是26℃，发酵时长都为1小时。面团温度和发酵时间成反比，温度越高发酵时间越短，如果面团温度是27℃，基本发酵时间仅需要45~50分钟；如果面团温度为28℃，基本发酵可能只需30~40分钟。

为什么会有这样的差异呢？因为是完成面团基本发酵后分割、搓圆，再送入冰箱进行低温冷藏发酵，希望酵母在降温、降低活性的情况下，面粉跟水充分融合，水解、水合同时作用于发酵过程。

假设面团温度太高，酵母活性太强，基本发酵的时间就要缩短，否则很容易发酵过度。运用低温发酵法制成的面包因为面团水合、水解很充足，面粉有很长的时间可以吸收水分、分解葡萄糖，所以面包更松软、更容易消化。

使用冷藏法制作的面团一般都会在面包店营业后使用，因为面包店的工作人员数量有限且要保证营业时面包的供应，一般会用冷藏发酵法来调整面包的制作流程，让整个工作流程更加顺畅和高效。但这样对面团的温度掌控就很重要，如果掌控不好温度，面团就会在冰箱里过度发酵。譬如冰箱达不到2~4℃，8~10小时可能面团就已经有点膨胀了，发酵时间就要酌情调整。

使用冷藏发酵时最基本的原则：发酵后的面团体积一定比放入冰箱前稍微大一点，但不至于过于发酵。因为冰箱的温度可控，一旦酵母活性被充分激发，发酵速度就会加快。这也是为什么我们基本发酵温度是28℃，但是如果想要让面团快速发酵需将温度调整到38℃，发酵时间也会缩短。

-»» 面包店发酵与家庭制作的差别 «««-

冷藏发酵法不只是专业人士可以用，家庭烘焙时也可以使用。有些人会将面团搅拌完成之后直接将大面团放入冰箱，隔天取出后再分割成小面团。这个步骤虽然没错，可是从专业的角度来说，面团应该经过发酵→中间发酵→最后发酵的完整发酵流程，只是把中间发酵的环节改成送进冰箱冷藏发酵，有点像酵母的"冬眠"。在低温环境下，酵母发酵速度虽然很慢，但在持续发挥作用。水和面粉、鲜奶与蛋和面粉，会有很长的融合过程，这个才是冷藏发酵法的精髓。

时间是一种调味料，很像我们吃牛排，牛肉要熟成也是要在低温环境下，用最天然的方式做这些面包，时间就是很重要的调味料，如果发酵时间过短，就要靠使用酵母、膨胀剂或用其他方式去辅助它，如果想要慢慢做，就需要温度去配合。

用冷藏法制作的面团我会推荐用蛋白质含量12%以上的面粉，如果蛋白质含量太低，面团的筋性就不会强，面团会过软、面包也会不易成形。

制作面包时不一定使用同一种面粉，书中所有的配方水的使用量都可以适当调整，一般水的使用量为面粉量的1%~2%，如觉得面包太硬，可以再加少许水调整它的软硬度。因为冷藏法做出来的面团软、可拉出薄膜、有延展性，在经过基本发酵、搓圆之后放入冰箱，隔天才会有非常强的膨胀力，书中的介绍的面包口感都很蓬松，即使掌握不好发酵的时间，做出来的面包也会很好吃，这就是冷藏发酵法跟直接发酵法最大的不同，只要掌握面团的配方，就不用太担心。

用冷藏发酵法做出来的面包最佳品尝期是两天，咸面包一般建议当天食用完毕，若没吃完食用前一定要复烤，否则会变得硬邦邦的。

>>» 面包店制作与家庭制作的观念差异 «<<

和面时，酵母的比例是重点，面包店制作冷藏面团时，面团越重，酵母量就会越少，可是家庭操作的时候，酵母的量要足够，面包才发得起来。

>>» **冷藏法问答** «<<

Q：本书的冷藏步骤都是放在基本发酵后，如果我把冷藏的步骤放到基本发酵前，这样前后顺序的改变是否会有影响？

A：操作时间一定会更长。

如果面团不经过基本发酵就直接放入冰箱，取出来还是要将面团温度恢复至室温，大面团恢复温度所需的时间更长，并且大面团中心跟表面温差很大，整体发酵程度容易不均，而且等温度恢复到16℃，还要分割，还要再中间发酵，还要整形，还要最后发酵，所以时间会更长。

Q：冷藏步骤放在前面发酵跟放在中间发酵，对口感和蜂窝状有什么影响吗？

A：口感跟蜂窝状两者差异不会很大，但是分割成小面团放进冰箱，面包的品质会很稳定。如果将大面团直接放入冰箱，

面团中间处就容易过度发酵，需将大面团降温至2℃，又不能急速冷冻，这种方法适用于家庭而不适用于面包生产线（一般家用的冰箱无法放进100千克重的面团）。

分割成小面团后放入2℃的冰箱，十几分钟就降温了，酵母也会暂时进入"休眠"状态，因为水没结冰，就会有很长的时间进行水合和水解作用，这个就是最大的差异。如果非专业人士，因为面团的量非常少，所以这种发酵方法不会使口感有太大区别，只是发酵时间会更长而已。

如果冷藏后的面团隔天有酒精的味道，表示面团发酵过度。用冷藏法发酵后的面团，第二天闻起来是香香甜甜的，而不会有任何酒精的味道，酒精是酵母发酵过程中的产物，酵母和糖会产生二氧化碳跟酒精，过多的酒精可以闻到，表示发酵过度，即"老面"。将完全发酵的面团加入老面和匀后冷藏，风味会变得更浓郁，发酵也会更快，而且发酵后的面团体积会最大。

图书在版编目（CIP）数据

手作83款人气馅料面包 / 吕昇达著. — 北京：中
国轻工业出版社，2021.12
　ISBN 978-7-5184-3686-6

　Ⅰ.①手… Ⅱ.①吕… Ⅲ.①面包—制作 Ⅳ.
①TS213.21

中国版本图书馆CIP数据核字（2021）第197278号

责任编辑：卢　晶　　责任终审：高惠京　　整体设计：锋尚设计
策划编辑：卢　晶　　责任校对：朱燕春　　责任监印：张京华

出版发行：中国轻工业出版社（北京东长安街6号，邮编：100740）
印　　刷：北京博海升彩色印刷有限公司
经　　销：各地新华书店
版　　次：2021年12月第1版第1次印刷
开　　本：720×1000　1/16　印张：11.5
字　　数：250千字
书　　号：ISBN 978-7-5184-3686-6　定价：58.00元
邮购电话：010-65241695
发行电话：010-85119835　传真：85113293
网　　址：http://www.chlip.com.cn
Email：club@chlip.com.cn
如发现图书残缺请与我社邮购联系调换
191574S1X101ZYW